四川省工程建设地方标准

四川省建筑工程钢筋套筒灌浆连接技术标准

Technical standard for grout sleeve splicing of steel reinforcing bars of building engineering in Sichuan Province

DBJ51/T094-2018

主编部门： 四 川 省 住 房 和 城 乡 建 设 厅
批准部门： 四 川 省 住 房 和 城 乡 建 设 厅
施行日期： 2 0 1 8 年 7 月 1 日

西南交通大学出版社

2018 成 都

图书在版编目（CIP）数据

四川省建筑工程钢筋套筒灌浆连接技术标准 / 成都市土木建筑学会，成都建筑工程集团总公司主编. —成都：西南交通大学出版社，2018.5
（四川省工程建设地方标准）
ISBN 978-7-5643-6134-1

Ⅰ. ①四… Ⅱ. ①成… ②成… Ⅲ. ①钢筋－套筒－灌浆－连接技术－技术标准－四川 Ⅳ. ①TU755.6-65

中国版本图书馆 CIP 数据核字（2018）第 068571 号

四川省工程建设地方标准

四川省建筑工程钢筋套筒灌浆连接技术标准

| 主编单位 | 成都市土木建筑学会 |
| | 成都建筑工程集团总公司 |

责 任 编 辑	姜锡伟
助 理 编 辑	王同晓
封 面 设 计	原谋书装
出 版 发 行	西南交通大学出版社 （四川省成都市二环路北一段 111 号 西南交通大学创新大厦 21 楼）
发 行 部 电 话	028-87600564　028-87600533
邮 政 编 码	610031
网 址	http://www.xnjdcbs.com
印 刷	成都蜀通印务有限责任公司
成 品 尺 寸	140 mm × 203 mm
印 张	2.125
字 数	55 千
版 次	2018 年 5 月第 1 版
印 次	2018 年 5 月第 1 次
书 号	ISBN 978-7-5643-6134-1
定 价	25.00 元

关于发布工程建设地方标准
《四川省建筑工程钢筋套筒灌浆连接技术标准》
的通知

川建标函〔2018〕308 号

各市州及扩权试点县住房城乡建设行政主管部门，各有关单位：

由成都市土木建筑学会和成都建筑工程集团总公司主编的《四川省建筑工程钢筋套筒灌浆连接技术标准》已经我厅组织专家审查通过，现批准为四川省推荐性工程建设地方标准，编号为：DBJ51/T094-2018，自 2018 年 7 月 1 日起在全省实施。

该标准由四川省住房和城乡建设厅负责管理，成都市土木建筑学会负责技术内容解释。

四川省住房和城乡建设厅

2018 年 3 月 27 日

前　言

根据四川省住房和城乡建设厅《关于下达工程建设地方标准〈四川省建筑工程钢筋套筒灌浆连接技术规程〉编制计划的通知》（川建标发〔2016〕713号）的要求，成都市土木建筑学会、成都建筑工程集团总公司会同有关单位经过调查研究，认真总结实践经验，参考国内相关先进标准，并在广泛征求意见的基础上完成制定。

本标准共分9章和1个附录，主要内容包括：总则；术语和符号；基本规定；材料；接头性能和型式检验；设计；施工；检验与验收；安全与绿色施工。

本标准由四川省住房和城乡建设厅负责管理，由成都市土木建筑学会负责具体技术内容的解释工作。为提高本标准编制质量和水平，各单位在执行时，请将有关意见或建议反馈至成都市土木建筑学会（地址：成都市青羊区长顺下街139号1栋2214号；邮编：610031；电话：028-86243990），以供今后修订时参考。

主 编 单 位：成都市土木建筑学会

　　　　　　　成都建筑工程集团总公司

参 编 单 位：成都建工工业化建筑有限公司

　　　　　　　中国建筑西南设计研究院有限公司

　　　　　　　成都市建设工程质量监督站

　　　　　　　成都市第八建筑工程公司

四川建筑职业技术学院

北京市建筑工程研究院有限责任公司

成都市第五建筑工程公司

四川省建筑科学研究院

成都市工业设备安装公司

成都墙材革新建筑节能办公室

主要起草人： 陈顺治　李善继　张　静　冯身强

蒋毅宇　毕　琼　杨金渝　黄　敏

阎明伟　叶尚伦　相金干　李　维

魏英杰　崔晋科　邓世斌　曹昭亮

胡　笛　杨　建　李大宁　周　豫

胡夏风　吴俊峰　周　帆　霍晓敏

何　磊　张仕忠　林吉勇

主要审查人： 李碧雄　章一萍　赵常颖　李子水

江成贵　任志平　王　科

目　次

Contents

1 总 则

1.0.1 为了规范和指导四川省建筑工程中钢筋套筒灌浆连接技术的应用与质量验收，做到安全适用、经济合理、技术先进、确保质量、绿色环保，制定本标准。

1.0.2 本标准适用于四川省范围内抗震设防烈度不大于 8 度的地区建筑工程的钢筋套筒灌浆连接的设计、施工及验收。本标准不适用于作疲劳设计的构件。

1.0.3 钢筋套筒灌浆连接的设计、施工及验收，除应符合本标准外，尚应符合国家现行有关标准的规定。

2 术语和符号

2.1 术 语

2.1.1 钢筋套筒灌浆连接 grout sleeve splicing of rebars

在金属套筒中插入单根带肋钢筋并注入灌浆料拌合物，通过拌合物硬化形成整体并实现传力的钢筋对接连接，简称套筒灌浆连接。

2.1.2 钢筋连接用灌浆套筒 grout sleeve for rebar splicing

采用铸造工艺或机械加工工艺制造，用于钢筋套筒灌浆连接的金属套筒，简称灌浆套筒。灌浆套筒可分为全灌浆套筒和半灌浆套筒。

2.1.3 钢筋连接用套筒灌浆料 cementitious grout for rebar sleeve splicing

以水泥为基本材料，并配以细骨料、外加剂及其他材料混合而成的用于钢筋套筒灌浆连接的干混料，简称灌浆料。

2.1.4 钢筋套筒灌浆接头 grout sleeve splices of rebars

灌浆料在钢筋和灌浆套筒间硬化形成的接头，简称灌浆接头。

2.1.5 灌浆孔 entrance for grouting

用于加注水泥基灌浆料的入料口，通常为光孔或螺纹孔。

2.1.6 排浆孔 vent for grouting

用于加注水泥基灌浆料时通气并将注满后的多余灌浆料溢出的排料口，通常为光孔或螺纹孔。

2.1.7 全灌浆套筒 whole grout sleeve

两端均采用套筒灌浆连接的灌浆套筒。

2.1.8 半灌浆套筒 grout sleeve with mechanical splicing end

一端采用套筒灌浆连接，另一端采用机械连接方式连接钢筋的灌浆套筒。

2.1.9 非标准型灌浆接头 non-standard grout sleeve splices

非标准型灌浆接头是指接头形式或尺寸与厂家标准有所不同的灌浆接头。

2.2 符 号

$f_{0.2}$——钢筋套筒灌浆接头实测屈服强度；

f_{yk}——钢筋屈服强度标准值；

f_{mst}^0——钢筋套筒灌浆接头实测极限抗拉强度；

f_{stk}——钢筋抗拉强度标准值；

f_g——灌浆料 28 d 抗压强度合格指标；

A_{sgt}——接头试件的最大力下总伸长率；

d ——钢筋公称直径；

u_0——接头试件在加载至 $0.6 f_{yk}$ 并卸载后在规定标距内的残余变形；

u_4——接头试件按规定加载制度经大变形反复拉压 4 次后的残余变形；

u_8——接头试件按规定加载制度经大变形反复拉压 8 次后的残余变形；

u_{20}——接头试件按规定加载制度经大变形反复拉压 20 次后的残余变形。

3 基本规定

3.0.1 灌浆连接中使用的钢筋、灌浆套筒、灌浆料等材料均应符合国家现行有关标准的规定。

3.0.2 在正常使用状态下，构件连接位置出现全截面拉应力时，宜根据实际情况采取其他可靠的连接方式。

3.0.3 在室外日平均气温连续 5 d 稳定低于 5 ℃ 的环境下进行钢筋套筒灌浆连接时，应按国家及地方现行标准对冬季施工的相关规定进行施工。

4 材 料

4.1 钢筋

4.1.1 套筒灌浆连接的钢筋应采用符合现行国家标准《钢筋混凝土用钢 第 2 部分：热轧带肋钢筋》GB 1499.2 和《钢筋混凝土用余热处理钢筋》GB 13014 要求的带肋钢筋。

4.1.2 套筒灌浆连接的热轧带肋钢筋或余热处理钢筋直径不宜小于 12 mm，且不宜大于 40 mm。

4.2 灌浆套筒

4.2.1 灌浆套筒应符合现行行业标准《钢筋连接用灌浆套筒》JG/T 398 的有关规定。灌浆套筒灌浆端的灌浆段最小内径与连接钢筋公称直径的差值不宜小于表 4.2.1 规定的数值，用于钢筋锚固的深度不应小于插入钢筋公称直径的 8 倍。

表 4.2.1 灌浆套筒灌浆段最小内径尺寸规定

钢筋直径/mm	套筒灌浆段最小内径与连接钢筋公称直径差最小值/mm
12 ~ 25	10
28 ~ 40	15

4.2.2 灌浆套筒应符合下列规定：

1 灌浆套筒（图 4.2.2）应符合产品设计要求；

2 全灌浆套筒[图 4.2.2（a）]的中部及最靠近套筒中部的剪力槽，半灌浆套筒[图 4.2.2（b）]的排浆孔位置及最靠近排浆孔的剪力槽处的最小横断面,在计入最大负公差后的屈服承载力和抗拉承载力的设计应符合现行行业标准《钢筋套筒灌浆连接应用技术规程》JGJ 355 的规定;

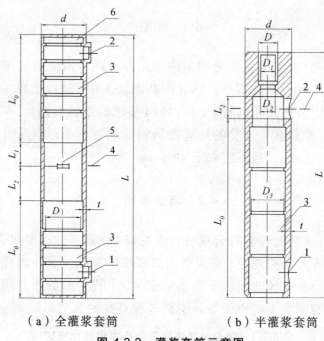

（a）全灌浆套筒　　　　（b）半灌浆套筒

图 4.2.2　灌浆套筒示意图

1—灌浆孔；2—排浆孔；3—剪力槽；4—强度验算用截面；5—钢筋限位挡块；
6—安装密封垫的结构；L—灌浆套筒总长；L_0—锚固长度；
L_1—预制端预留钢筋安装调整长度；L_2—现场装配端预留钢筋安装调整长度；
t—灌浆套筒壁厚；d—灌浆套筒外径；D—内螺纹的公称直径；
D_1—内螺纹的基本小径；D_2—半灌浆套筒螺纹端与灌浆端连接处的通孔直径；
D_3—灌浆套筒锚固段环形突起部分的内径

　　注：D_3 不包括灌浆孔或排浆孔外侧因导向、定位等其他目的而设置的比锚固段环形突起内径偏小的尺寸。D_3 可以为非等截面。

6

3 半灌浆套筒螺纹端与灌浆端连接处的通孔直径设计不宜过大，螺纹小径与通孔直径的差不应小于 2 mm，通孔的长度不应小于 3 mm；

4 灌浆套筒长度应根据试验确定，灌浆套筒中间轴向定位点两侧应预留钢筋安装调整长度，预制端不应小于 10 mm，现场装配端不应小于 20 mm；

5 单侧灌浆腔内剪力槽的数量应符合表 4.2.2 的规定，剪力槽两侧凸台轴向厚度不应小于 2 mm；

表 4.2.2 剪力槽数量表

连接钢筋直径/mm	12 ~ 20	22 ~ 32	36 ~ 40
剪力槽数量/个	≥ 3	≥ 4	≥ 5

6 机械加工灌浆套筒的壁厚不应小于 3 mm，铸造灌浆套筒的壁厚不应小于 4 mm；

7 机械加工灌浆套筒表面不应有裂纹或影响接头性能的其他缺陷，端面和外表面的边棱处应无尖棱、毛刺；

8 铸造灌浆套筒内外表面不应有影响使用性能的夹渣、冷隔、砂眼、缩孔、裂纹等质量缺陷；

9 灌浆套筒外表面标识应清晰，内、外表面不应有锈皮。

4.2.3 采用球墨铸铁制造的灌浆套筒，材料应符合现行国家标准《球墨铸铁件》GB/T 1348 的规定，其材料性能应符合表 4.2.3 的规定；采用优质碳素结构钢、低合金高强度结构钢、合金结构钢加工的各类钢灌浆套筒，其材料的机械性能应符合现行国家标准《优质碳素结构钢》GB/T 699、《低合金高强度结构钢》GB/T 1591、《合金结构钢》GB/T 3077 和《结构用无缝钢管》GB/T 8162 的规定，同时应符合表 4.2.3 的规定。

表 4.2.3 材料性能表

灌浆套筒材料	屈服强度/MPa	抗拉强度/MPa	断后伸长率/%	球化率/%	硬度/HBW
球墨铸铁	—	≥550	≥5	≥85	180~250
各类钢	≥355	≥600	≥16	—	—

4.2.4 灌浆套筒的尺寸偏差应符合表 4.2.4 的规定。

表 4.2.4 灌浆套筒尺寸偏差表

项目	灌浆套筒尺寸偏差					
	铸造灌浆套筒			机械加工灌浆套筒		
钢筋直径/mm	12~20	22~32	36~40	12~20	22~32	36~40
外径允许偏差/mm	±0.8	±1.0	±1.5	±0.6	±0.8	±0.8
壁厚允许偏差/mm	±0.8	±1.0	±1.2	±0.5	±0.6	±0.8
长度允许偏差/mm	±(0.01×L)			±2.0		
锚固段环形突起部分的内径允许偏差/mm	±1.5			±1.0		
锚固段环形突起部分的内径最小尺寸与钢筋公称直径差值/mm	≥10			≥10		
直螺纹精度	—			现行国家标准《普通螺蚊公差》GB/T197 中 6H 级		

8

4.3 灌浆料

4.3.1 灌浆料性能及试验方法应符合现行行业标准《钢筋连接用套筒灌浆料》JG/T 408 的有关规定，并应符合下列规定：

1 灌浆料的性能应符合表 4.3.1 的规定；

表 4.3.1 灌浆料的技术性能表

检测项目		性能指标
流动度/mm	初始	≥300
	30 min	≥260
抗压强度/MPa	1 d	≥35
	3 d	≥60
	28 d	≥85
竖向膨胀率/%	3 h	≥0.02
	24 h 与 3 h 差值	0.02～0.5
氯离子含量/%		≤0.03
泌水率/%		0

2 灌浆料抗压强度不应低于接头设计要求的灌浆料抗压强度，灌浆料抗压强度试件尺寸应按 40 mm×40 mm×160 mm 尺寸制作，其加水量应按灌浆料产品说明书确定，试件应按现行行业标准《钢筋连接用套筒灌浆料》JG/T 408 中的方法制作、养护；

3 灌浆料拌合物的泌水率试验方法应符合现行国家标准《普通混凝土拌合物性能试验方法标准》GB/T 50080 的规定。

4.3.2 灌浆料进场时生产厂家应提供产品合格证、使用说明书和产品质量检测报告。

4.4 其他材料

4.4.1 灌浆配套设备、材料应满足灌浆要求。

4.4.2 坐浆材料加水搅拌后应具有较好的塑性，不收缩、下垂度小等性能，满足构件水平缝密封及强度要求。

5 接头性能和型式检验

5.1 灌浆接头的性能要求

5.1.1 灌浆接头的性能应满足强度和变形性能要求。

5.1.2 灌浆接头的屈服强度不应小于连接钢筋屈服强度标准值；灌浆接头的极限抗拉强度不应小于钢筋抗拉强度标准值，且破坏时应断于接头外钢筋。

$$f_{0.2} \geqslant f_{yk} \qquad (5.1.2\text{-}1)$$

$$f_{mst}^{0} \geqslant f_{stk}（破坏检验） \qquad (5.1.2\text{-}2)$$

式中　$f_{0.2}$——为钢筋套筒灌浆接头实测屈服强度，MPa；

　　　f_{yk}——为钢筋屈服强度标准值，MPa；

　　　f_{mst}^{0}——为钢筋套筒灌浆接头实测极限抗拉强度，MPa；

　　　f_{stk}——为钢筋抗拉强度标准值，MPa。

5.1.3 灌浆接头试验加载过程中，当拉力达到钢筋抗拉荷载标准值的 1.15 倍而未发生破坏时，应判为抗拉强度合格。

5.1.4 灌浆接头应能经受规定的高应力和大变形反复拉压循环试验，且在经历拉压循环后，其抗拉强度应符合本标准第 5.1.2 条的规定。

5.1.5 套筒灌浆连接接头的变形性能应符合表 5.1.5 的规定。在荷载频遇组合下，构件中钢筋应力高于钢筋屈服强度标准值 f_{yk} 的 0.6 倍时，设计单位可对单向拉伸残余变形的加载峰值 u_0 提出调整要求。

表 5.1.5 套筒灌浆连接接头的变形性能表

项 目		变形性能要求
对中单向拉伸	残余变形/mm	$u_0 \leqslant 0.10$ ($d \leqslant 32$)
		$u_0 \leqslant 0.14$ ($d > 32$)
	最大力下总伸长率/%	$A_{sgt} \geqslant 6.0$
高应力反复拉压	残余变形/mm	$u_{20} \leqslant 0.3$
大变形反复拉压	残余变形/mm	$u_4 \leqslant 0.3$ 且 $u_8 \leqslant 0.6$

5.2 灌浆接头的型式检验

5.2.1 属于下列情况时，应进行灌浆接头型式检验：

1 确定灌浆接头性能时；

2 灌浆套筒材料、工艺、结构改动时；

3 灌浆料型号、成分改动时；

4 钢筋强度等级、肋形发生变化时；

5 型式检验报告超过 4 年的。

5.2.2 型式检验所用的材料除应符合本标准第 4 章的规定外，钢筋还应符合现行国家标准《钢筋混凝土用钢 第 2 部分：热轧带肋钢筋》GB1499.2、《钢筋混凝土用余热处理钢筋》GB 13014 的规定，灌浆套筒还应符合现行行业标准《钢筋连接用灌浆套筒》JG/T 398 的规定，灌浆料还应符合现行行业标准《钢筋连接用套筒灌浆料》JG/T 408 的规定。

5.2.3 灌浆接头型式检验的试件数量与检验项目应符合下列规定：

1 钢筋母材试件应取 3 个做单向拉伸试验；

2 对中灌浆接头试件应分别取 3 个做单向拉伸试验，3 个做高应力反复拉压试验，3 个做大变形反复拉压试验；

3 偏置灌浆接头试件应取 3 个做单向拉伸试验；

4 全部试件的钢筋均应在同一炉（批）号的 1 根或 2 根钢筋上截取。

5.2.4 灌浆接头试件的制作应符合现行行业标准《钢筋机械连接技术规程》JGJ 107 和本标准第 7 章的有关规定。

5.2.5 制作灌浆接头试件时，应取同批灌浆料拌合物制作不少于 1 组 40 mm×40 mm×160 mm 试块，并宜留设不少于 2 组试块。

5.2.6 灌浆接头试件和灌浆料试块应同时在标准养护条件下养护 28 d。

5.2.7 型式检验的试验方法应符合现行行业标准《钢筋机械连接技术规程》JGJ 107 和《钢筋套筒灌浆连接应用技术规程》JGJ 355 的有关规定。

5.2.8 灌浆接头试验结果符合下列情况时，应评为合格。

1 强度检验：每个灌浆接头试件抗拉强度实测值应符合本标准第 5.1.2 条、第 5.1.3 条和第 5.1.4 条的规定；每个灌浆接头试件屈服强度实测值应符合本标准第 5.1.2 条的规定。

2 变形检验：3 个试件残余变形实测值的平均值应符合本标准第 5.1.5 条的规定，每个试件的最大力下总伸长率实测值应符合本标准第 5.1.5 条的规定。

3 灌浆料试块：灌浆料试块的抗压强度不低于 80 N/mm^2，且不高于 95 N/mm^2；当灌浆料 28 d 抗压强度合格指标 f_g 高于 85 N/mm^2 时，试验时的灌浆料抗压强度低于 28 d 抗压强度合格指标 f_g 的数值不应大于 5 N/mm^2，且超过 28 d 抗压强度合格指标 f_g 的数值不应大于 10 N/mm^2 和 $0.1f_g$ 二者的较大值；当型式检验试验时灌浆料抗压强度低于 28 d 抗压强度合格指标 f_g 时，应增加检验灌浆料 28 d 抗压强度。

5.2.9 型式检验应由具备相应专业资质的检测机构进行，并应按本标准附录 A 规定出具检测报告。

6 设 计

6.0.1 采用钢筋套筒灌浆连接的混凝土结构，其设计应符合现行国家标准《混凝土结构设计规范》GB 50010、《建筑抗震设计规范》GB 50011 和行业标准《装配式混凝土结构技术规程》JGJ 1 的规定。

6.0.2 采用套筒灌浆连接的构件，其混凝土强度等级不应低于 C30。

6.0.3 当在装配式混凝土结构中采用符合本标准规定的套筒灌浆连接时，构件全部纵向受力钢筋可在同一截面上连接。

6.0.4 预制剪力墙中钢筋接头处套筒外侧钢筋的混凝土保护层厚度不应小于 15 mm，预制柱中钢筋接头处套筒外侧箍筋的混凝土保护层的厚度不应小于 20 mm，套筒之间净距离不应小于 25 mm。

6.0.5 采用套筒灌浆连接的混凝土构件设计应符合下列规定：

 1 接头连接的钢筋强度等级不应高于灌浆套筒规定的连接钢筋强度等级；

 2 接头连接的钢筋直径规格不应大于灌浆套筒规定的连接钢筋直径规格，且不宜小于灌浆套筒规定的连接钢筋直径规格 1 级以上；

 3 构件的配筋方案应根据灌浆套筒的参数、灌浆施工及受力要求综合确定；

 4 构件中灌浆孔道和排浆孔道宜按照最短距离设计；

5 预制柱柱底应设置键槽，在键槽位置设置排气孔道，并保持排气孔道畅通；

6 采用钢筋套筒灌浆连接的混凝土构件宜采用压力灌浆工艺，并应保证灌浆孔道区间的密闭性。

7 施 工

7.1 一般规定

7.1.1 灌浆套筒施工前应检查并确保套筒中连接钢筋的位置和长度均满足设计要求。每个工程项目首次施工前，宜选择有代表性的单元或部位进行试制作、试安装、试灌浆。

7.1.2 灌浆管与套筒灌浆孔、灌浆机具应匹配使用。

7.1.3 灌浆套筒和灌浆材料宜采用同一厂家的配套产品，灌浆接头的灌浆套筒、灌浆料宜由接头技术提供单位按照接头型式检验报告成套提供；若套筒和灌浆材料采用不同厂家的产品，灌浆接头的灌浆套筒、灌浆料应按照本标准第 5 章的相关要求进行接头型式检验。

7.1.4 套筒灌浆连接施工应编制专项施工方案。

7.1.5 灌浆作业人员应进行专业培训，考核合格后，方能上岗，灌浆操作全过程应有专职检验人员负责旁站监督，灌浆作业应及时做好施工质量检查记录，并按要求每工作班制作一组试件。

7.1.6 施工现场灌浆料、灌浆套筒应贮存在具有防水、防雨、防潮、防晒的环境中，并应按规格型号分别堆放。

7.2 钢筋丝头加工

7.2.1 半灌浆套筒钢筋丝头应满足下列要求：

1 钢筋丝头长度应满足企业标准中产品设计要求，极限偏差应为 0 ~ 1.0p（p 为螺距）；

　　2　钢筋丝头宜满足 6f 级精度要求，应采用接头技术提供单位提供的专用直螺纹量规检验，通规能顺利旋入并达到要求的拧入长度，止规旋入不得超过 3p。检验批量不应大于 1000 个，各规格的自检数量不应少于 10%，检验合格率不应小于 95%。否则应检验全部丝头，挑出不合格丝头。

7.2.2　钢筋端面应平整，端部不得弯曲。镦粗头不得有与钢筋轴线相垂直的横向裂纹。

7.2.3　钢筋丝头加工应使用水性切削液，不得使用油性润滑液。

7.3　钢筋直螺纹连接

7.3.1　连接时可用管钳扳手拧紧，钢筋丝头应与灌浆套筒顶紧凸台相互顶紧。校核用扭力扳手的准确度级别可选用 10 级。接头安装后的外露螺纹不宜超过 1p。

7.3.2　接头安装后应用扭力扳手校核拧紧扭矩，拧紧扭矩值应符合表 7.3.2 的规定。

表 7.3.2　直螺纹接头安装时的最小拧紧扭矩值

钢筋直径/mm	≤16	18 ~ 20	22 ~ 25	28 ~ 32	36 ~ 40
拧紧扭矩/N·m	100	200	260	320	360

7.4　套筒的安装

7.4.1　灌浆套筒、钢筋应采用定位装置定位。

7.4.2　在浇筑混凝土前，灌浆套筒应密封。

7.4.3 灌浆接头在预制构件内的安装质量应符合下列规定：

1 灌浆套筒应严格按照设计规定的位置进行预埋，不得有错位和歪斜，灌浆套筒位置允许偏差 0 mm ~ 2 mm；

2 灌浆孔、排浆孔的连接管路在灌浆前应保证通畅，竖向灌浆设置排浆管路出口应高于排浆孔，水平灌浆设置管路出路口应高于灌浆套筒；

3 灌浆孔、排浆孔的连接管路宜露出构件表面 20 mm ~ 30 mm，以便于封堵和检查冒浆情况；

4 灌浆套筒内应保证洁净，无杂物。

7.4.4 脱模后，灌浆套筒的钢筋插入口、灌浆孔和排浆孔出口在出厂前宜装防尘盖，外露钢筋锚固段宜装保护套。

7.5 灌浆连接

7.5.1 预制构件的灌浆连接应符合下列要求：

1 连接部位在现浇混凝土施工过程中，应采取设置钢筋定位器等措施来保证外露钢筋的位置、长度和顺直度，并避免钢筋被污染。设置定位器时应考虑混凝土浇筑时振动棒振捣的位置。

2 应检查套筒连接钢筋的位置和长度，其允许偏差应符合设计规定，当设计无规定时，应符合表 7.5.1 的规定。

表 7.5.1 套筒连接钢筋的位置、尺寸允许偏差及检验方法表

项　目		允许偏差/mm	检验方法
中心位置		0 ~ 2	
外露长度	预制构件	0 ~ 10	尺量
	现浇结构	0 ~ 15	

3 应保证连接钢筋表面洁净，无杂物。

4 竖向灌浆宜采用两种灌浆方式：分仓灌浆法和单套筒灌浆法。采用分仓灌浆法时，应根据实际情况对灌浆套筒分组灌浆，每一组灌浆套筒与构件间隙构成一个仓位，仓位应保证密封良好且不宜过大，每个仓位覆盖的范围不宜大于 1 m。水平灌浆和直径大于 25 mm 的钢筋套筒灌浆连接宜采用单套筒灌浆。

5 灌浆料拌合物配制时应按照使用说明书的要求对灌浆料和水进行严格计量，经搅拌均匀并测定其流动度满足要求后方可灌注。

7.5.2 分仓与接缝封堵材料，灌浆孔与排浆孔堵头封堵配件或材料，均应与构件实际构造需求相符，确保在灌浆压力下不漏浆。

7.5.3 灌浆接头的灌浆施工应符合下列要求：

1 竖向钢筋套筒灌浆连接采用分仓灌浆时，宜采用一点灌浆的方式；当一点灌浆遇到问题需要改变灌浆点时，各灌浆套筒应将已封堵的灌浆孔、排浆孔重新打开，待灌浆料拌合物再次流出后进行封堵。

2 对水平钢筋套筒灌浆连接，灌浆料应采用压浆法从灌浆套筒灌浆孔注入，当灌浆套筒灌浆孔、排浆孔的连接管或接头处的灌浆料拌合物均高于灌浆套筒外表面最高点时应停止灌浆，并及时封堵灌浆孔、排浆孔。

3 灌浆料应在初凝前且在加水后 30 min 内用完，灌浆作业应采取压浆法从下口灌注，当灌浆料从上口流出时应及时封堵，持压 30 s 后再封堵下口。

4 散落的灌浆料拌合物不得二次使用，剩余的拌合物不得再次添加灌浆料、水后混合使用。

 5 除排浆管路出口以外不得有其他冒浆部位，如出现应及时封堵。

 6 灌浆遇阻时应依据专项施工方案立即进行处理，超过30 min 未处理完成则该处灌浆连接不合格。

 7 灌浆施工前空腔内进行注水湿润，注水后立即排空，空腔内应湿润不积水。

7.5.4 现浇结构灌浆施工前应对接触面进行凿毛处理。

7.5.5 灌浆施工工艺应满足表 7.5.5 的要求。

表 7.5.5 灌浆施工工艺

工序	主要环节
1. 连接部位检查处理	1.1 连接钢筋检查
	1.2 构件连接面检查
2. 分仓与接缝、封堵	2.1 用密封带封堵上下构件
	2.2 构件安装时进行必要的分仓作业
	2.3 对构件接缝的外沿应进行封堵
3. 预制构件连接空腔浸润	3.1 在灌浆施工前对空腔进行注水、排水
4. 灌浆料制备	4.1 制备灌浆料
	4.2 灌浆料灌浆前检测
5. 灌浆连接	5.1 灌浆
	5.2 封堵灌、排浆孔，检查构件接缝处有无漏浆
	5.3 灌浆施工记录

7.5.6 同作业班每层应制作不少于一组灌浆后灌浆料同条件试块，强度达到 35 MPa 后方可进行后续施工。

7.5.7 当灌浆施工出现无法出浆的情况时应查明原因，采取的施工措施应符合下列规定：

1 对于未密实饱满的竖向连接灌浆套筒，当在灌浆料加水拌合 30 min 内时，应首选在灌浆孔补灌；当灌浆料拌合物已无法流动时，可从排浆孔补灌，并应采用手动设备结合细管压力灌浆。

2 水平钢筋连接时在停止灌浆施工后 30 s，当发现灌浆料拌合物下降，应检查灌浆套筒的密封情况或灌浆拌合物的排气情况并及时补灌或采取其他措施。

3 灌浆施工应在灌浆料拌合物达到设计规定的位置后停止，并应在灌浆料凝固后再次检查其位置是否符合设计要求。

8 检验与验收

8.1 一般规定

8.1.1 工程中使用灌浆套筒连接时，应由套筒提供单位提交型式检验报告。型式检验报告中的灌浆套筒应与所使用的灌浆套筒完全一致。提供的资料应包括下列内容：

1 工程所用灌浆接头的型式检验报告；

2 工程所用灌浆料的型式检验报告；

3 灌浆套筒设计，接头加工、安装要求的相关技术文件；

4 灌浆套筒合格证和原材料质量证明书；

5 灌浆料合格证和质量证明文件。

8.1.2 灌浆接头的工艺检验应针对不同钢筋生产厂的钢筋进行，施工过程中更换钢筋生产厂或接头技术提供单位时，应重新进行工艺检验。对于非标准型灌浆接头也应进行工艺检验。工艺检验应符合下列规定：

1 每种规格钢筋的接头试件不应少于 3 根。

2 工艺检验应模拟施工条件制作接头试件，并按接头技术提供单位提供的操作规程进行。

3 接头试件及灌浆料试块制作要求见本标准第 5 章。

4 每个接头试件的抗拉强度、屈服强度应符合本标准第 5 章的规定，3 个接头试件残余变形的平均值应符合现行行业标准《钢筋机械连接技术规程》JGJ 107 中 I 级性能等级的规定；灌浆料 28 d 抗压强度应符合本标准规定且还不应小于型式检验报告中灌浆料的抗压强度标准值。

5 接头试件在测量残余变形后可再进行拉伸极限强度试验，并按现行行业标准《钢筋机械连接技术规程》JGJ 107 和《钢筋套筒灌浆连接应用技术规程》JGJ 355 规定的钢筋机械连接型式检验的单向拉伸加载制度进行试验。

6 第一次工艺检验中 1 根试件抗拉强度或 3 根试件的残余变形值的平均值不合格时，应再抽取 6 个试件进行复检，如果复检中仍有 1 个试件的极限抗拉强度不符合要求，判为工艺检验不合格。

8.1.3 灌浆接头安装前应检查灌浆套筒产品合格证及套筒表面生产批号标识，并应符合下列规定：

1 产品合格证应包含接头性能等级、套筒类型、生产单位、生产日期、有效期、抗压强度标准值等信息；

2 套筒表面生产批号标识应显示适用钢筋强度等级、直径以及可追溯产品原材料力学性能和加工质量的生产批号；

3 灌浆接头灌浆前应检查灌浆料产品合格证、使用说明书、产品质量检测报告；

4 灌浆料质量检测报告应包括初始流动度，30 min 流动度，3 h 竖向膨胀率，24 h 与 3 h 膨胀率差值，泌水率及 1 d、3 d、28 d 抗压强度。

8.1.4 灌浆套筒和灌浆料应在灌浆接头工艺检验合格后进厂或进场。

8.1.5 对检验不合格的灌浆套筒、灌浆料验收批，应作退货处理。

8.2 材料进厂检验与验收

8.2.1 灌浆套筒进厂时，应抽取灌浆套筒检验套筒长度、外径、内径尺寸偏差，同批次、同类型、同强度等级、同规格的灌浆套筒，检验批量不应大于 1 000 个，每批随机抽取 10%，检验结果应符合本标准的有关规定。合格率不低于 95% 时，该验收批应评为合格。进厂检验与验收由构件预制厂负责进行。

8.2.2 材料进厂前，应对不同钢筋生产企业的进场钢筋进行接头工艺检验，当更换钢筋生产企业或变更钢筋时，应再次进行工艺检验。工艺检验应符合本标准 8.1.2 条的规定。

8.2.3 灌浆套筒进厂时，应抽取灌浆套筒并采用与之匹配的灌浆料制作对中连接接头试件，并进行抗拉强度检验，检验结果应符合本标准第 4 章的有关规定。同批次、同类型、同强度等级、同类型的灌浆套筒，不超过 1 000 个为一批，每批随机抽取 3 个灌浆套筒制作对中接头试件。

8.2.4 灌浆套筒的进厂检验应按本标准进行拉伸极限强度试验，同批次、同类型、同强度等级、同规格的灌浆套筒，检验批量不应大于 1 000 个。每一验收批，随机抽取 3 只灌浆套筒，制作成 3 个灌浆接头试件做拉伸极限强度试验，按设计要求的接头等级进行评定。当 3 个接头试件的极限抗拉强度均符合本标准强度要求时，该验收批应评为合格。如仅有 1 个试件的极限抗拉强度不符合要求，应再取 6 个试件进行复检，复检中如仍有 1 个试件的极限抗拉强度不符合要求，则该验收批应评为不合格。另外再抽取 3 只验收合格的灌浆套筒标记批次后随同对应批预制构件发往灌浆施工现场。

8.3 进场检验与验收

8.3.1 灌浆套筒进场时，应附预制构件出厂检验合格文件并按本标准 8.2.1 条进行检验。

8.3.2 工程中应用灌浆套筒连接时，应核对灌浆料与灌浆套筒是否匹配。灌浆料进场时，应对灌浆料的 30 min 流动度，泌水率，1 d、28 d 抗压强度，3 h 竖向膨胀率及 24 h 与 3 h 竖向膨胀率差值进行检验，在 15 d 内生产的同批次、同成分的灌浆料，检验批量不应大于 50 t，随机抽取量应不低于 30 kg。检验结果除应符合本标准的有关规定外，28 d 抗压强度还应不小于型式检验报告中灌浆料抗压强度标准值。若有一项指标不符合要求，应从同一批次产品中重新取样，对不合格项加倍复试，复试合格该验收批应评为合格。

8.3.3 灌浆施工前，应对不同钢筋生产企业的进场钢筋进行接头工艺检验，当更换钢筋生产企业或变更钢筋时，应再次进行工艺检验。工艺检验应按照本标准 8.1.2 条的规定。

8.3.4 灌浆套筒进场时应按本标准进行灌浆接头拉伸极限强度试验，同批次、同类型、同强度等级、同规格的灌浆套筒，检验批数量不应大于 1 000 个。随机抽取灌浆料，用随机抽取或随构件送至现场的灌浆套筒，在模拟施工条件下制作成 3 个灌浆接头试件做拉伸极限强度试验，标准养护 28 d 后，按设计要求的接头等级进行评定。当 3 个接头试件的极限抗拉强度均符合本标准第 5 章的强度要求时，该验收批应评为合格，同时填写检验记录。

8.4 现场检验与验收

8.4.1 现场应检验灌浆套筒、连接钢筋位置、连接钢筋长度，其检验数据应符合本标准规定，灌浆套筒内应无杂物，管路应通畅，连接钢筋弯折度不应大于 4°。检验批量不应大于 1 000 个，各规格的抽检数量不应少于 10%。检验合格率不应小于 95%，如发现不合格数超过检验数 5%时，应逐个检验并校正，直到合格为止，同时填写检验记录。现场还应检验并保证灌浆过程中排浆孔能否冒浆、能否成功封堵，且进行 100%检验。合格率低于 1%时，应查找原因并纠正后，再进行灌浆施工，同时填写现场灌浆检验记录。

8.4.2 灌浆施工时，灌浆应饱满密实，所有排浆孔均应出浆。

8.4.3 灌浆施工中应现场检验灌浆料的 30 min 流动度和 1 d、28 d 抗压强度，每工作班取样不应少于一次，每楼层取样不应少于三次。每次应抽取 1 组 40 mm×40 mm×160 mm 的试件，标准养护后进行抗压强度试验。灌浆料极限抗压强度应符合本标准第 5 章规定的规定，还应不小于型式检验报告中灌浆料抗压强度标准值。用于检验抗压强度的灌浆料试块应在灌浆地点制作。

8.4.4 当施工过程中灌浆料强度、灌浆质量不符合要求时，应由施工单位提出技术处理方案，经建设、监理、设计单位认可后进行处理。经处理后的部位应重新验收。

9 安全与绿色施工

9.1 安全措施

9.1.1 进行灌浆操作时必须遵守现行行业安全标准的规定。

9.1.2 灌浆操作人员应佩戴防护镜。

9.1.3 灌浆泵、气泵操作应严格按照专项施工方案及安全操作规程进行。

9.1.4 管路堵塞时不得用加压方式疏通管路。

9.2 绿色施工

9.2.1 应根据设计文件、场地条件、周边环境和绿色施工总体要求编制工程绿色施工专项方案。在方案中需明确有关套筒灌浆连接绿色施工的目标、材料、方法、实施内容及钢筋套筒灌浆连接的相应绿色施工要求。工程绿色施工专项方案应由建设单位、监理单位签字确认后方可实施。

9.2.2 宜建立建筑材料数据库，应采用具有绿色性能的灌浆套筒及灌浆料。

9.2.3 在套筒灌浆施工前，施工单位应完成套筒灌浆绿色施工的材料、技术等准备工作。

9.2.4 应根据施工进度、材料使用时间、库存情况制定套筒灌浆施工所需材料的采购和使用计划。

9.2.5 套筒灌浆施工相关材料应合理储存及运输。

9.2.6 套筒灌浆施工前，应计算灌浆工作量并按需配制。

9.2.7 超过规定时间的灌浆料及使用后剩余的灌浆料应丢弃到指定区域，或回收制作成水泥制品。

9.2.8 严格控制构件灌浆接触面湿润用水，严格按照灌浆料产品说明书要求的用水量配置用水。

9.2.9 套筒灌浆施工中产生的工业垃圾，应集中回收，严禁乱丢乱弃造成周边环境污染。

附录 A 钢筋套筒灌浆连接接头检验报告

A.0.1 型式检验报告

钢筋套筒灌浆连接接头试件型式检验报告应包括基本参数和试验结果两部分,并宜按表 A.0.1-1、表 A.0.1-2 和表 A.0.1-3 的格式执行。

表 A.0.1-1 钢筋套筒灌浆连接接头试件型式检验报告
（全灌浆套筒连接基本参数）

接头名称			送检日期	年 月 日	
送检单位					
试件制作地点			试件制作日期	年 月 日	
接头试件基本参数	连接件示意图（可附页）		钢筋生产厂家		
			钢筋牌号、规格/mm		
			灌浆套筒品牌、型号		
			灌浆套筒材料		
			灌浆料品牌		
			灌浆料型号		
灌浆套筒设计尺寸/mm					
长度	外径	钢筋插入深度（短端）		钢筋插入深度（长端）	

接头试件实测尺寸					
试件编号	灌浆套筒外径/mm	灌浆套筒长度/mm	钢筋插入深度/mm		钢筋对中/偏置
			短端	长端	
No.1					
No.2					
No.3					
No.4					
No.5					
No.6					
No.7					
No.8					
No.9					
No.10					
No.11					
No.12					

灌浆料性能							
每 10 kg 灌浆料加水量/kg	试件抗压强度测量值/MPa						合格指标/MPa
	1	2	3	4	5	6	取值	
评定结论							

注：1 接头试件实测尺寸、灌浆料性能由检验单位负责检验与填
写，其他信息应由送检单位如实提供；

　　2 接头试件实测尺寸中外径测量任意两个断面。

表 A.0.1-2　钢筋套筒灌浆连接接头试件型式检验报告
（半灌浆套筒连接基本参数）

接头名称			送检日期	年　月　日
送检单位				
试件制作地点			试件制作日期	年　月　日
接头试件基本参数	连接件示意图（可附页）		钢筋生产厂家	
			钢筋牌号、规格/mm	
			灌浆套筒品牌、型号	
			灌浆套筒材料	
			灌浆料品牌	
			灌浆料型号	
灌浆套筒设计尺寸				
长度	外径	灌浆端钢筋插入深度/mm		机械连接类型

32

机械连接端基本参数						
接头试件实测尺寸						
试件编号	灌浆套筒外径/mm		灌浆套筒长度/mm	钢筋插入深度/mm		钢筋对中/偏置
				短端	长端	
No.1						
No.2						
No.3						
No.4						
No.5						
No.6						
No.7						
No.8						
No.9						
No.10						
No.11						
No.12						

灌浆料性能								
每10kg灌浆料加水量/kg	试件抗压强度测量值/MPa							合格指标/MPa
	1	2	3	4	5	6	取值	
评定结论								

注: 1 接头试件实测尺寸、灌浆料性能由检验单位负责检验与填写，
      其他信息应由送检单位如实提供；
    2 接头试件实测尺寸中外径测量任意两个断面；
    3 机械连接端类型按直螺纹、锥螺纹、挤压三类填写；
    4 机械连接端基本参数：直螺纹为螺纹螺距、螺纹牙型角、螺纹
      公称直径和安装扭矩；锥螺纹为螺纹螺距、螺纹牙型角、螺纹
      锥度和安装扭矩；挤压为压痕道次和压痕总宽度。

表 A.0.1-3 钢筋套筒灌浆连接接头试件型式检验报告
（试验结果）

接头名称				送检日期		年 月 日	
送检单位							
钢筋牌号与公称直径/mm				灌浆套筒型号			
钢筋母材试验结果		试件编号	No.1	No.2	No.3	要求指标	
		屈服强度/MPa					
		抗拉强度/MPa					
		最大力下总伸长率/%					
试验结果	偏置单向拉伸	试件编号	No.1	No.2	No.3	要求指标	
		屈服强度/MPa					
		抗拉强度/MPa					
		破坏形式				钢筋拉断	
	对中单向拉伸	试件编号	No.4	No.5	No.6	要求指标	
		屈服强度/MPa					
		抗拉强度/MPa					
		残余变形/mm					
		最大力下总伸长率/%					
		破坏形式				钢筋拉断	

34

试验结果	高应力反复拉压	试件编号	No.7	No.8	No.9	要求指标
		抗拉强度/MPa				
		残余变形/mm				
		破坏形式				钢筋拉断
	大变形反复拉压	试件编号	No.10	No.11	No.12	要求指标
		抗拉强度/MPa				
		残余变形/mm				
		破坏形式				钢筋拉断
评定结论						
试验单位				试验日期	年 月 日	
试件制作监督人				试验人		
校核人				负责人		

注：试件制作监督人应为试验单位人员。

本规程用词说明

1　为了便于在执行本规范条文时区别对待，对要求严格程度不同的用词说明如下：

　　1）表示很严格，非这样做不可的，正面词采用"必须"，反面词采用"严禁"。

　　2）表示严格，在正常情况下均应这样做的，正面词采用"应"，反面词采用"不应"或"不得"。

　　3）表示允许稍有选择，在条件许可时首先应这样做的，正面词采用"宜"，反面词采用"不宜"。

　　4）表示有选择，在一定条件下可以这样做的，采用"可"。

2　规范中指明应按其他标准执行时，采用"应按……执行"或"应符合……的要求或规定"。

引用标准名录

1 《钢筋混凝土用钢 第 2 部分：热轧带肋钢筋》GB 1499.2

2 《混凝土结构设计规范》GB 50010

3 《普通螺纹 公差》GB/T 197

4 《水泥基灌浆料应用技术规范》GB/T 50448

5 《装配式混凝土结构技术规程》JGJ 1

6 《钢筋机械连接技术规程》JGJ 107

7 《钢筋套筒灌浆连接应用技术规程》JGJ 355

8 《钢筋连接用灌浆套筒》JG/T 398

9 《钢筋连接用套筒灌浆料》JG/T 408

10 《四川省建筑工业化混凝土预制构件制作、安装及质量验收规程》DBJ51/T 008

11 《四川省装配式混凝土结构工程施工与质量验收规程》DBJ51/T 054

四川省工程建设地方标准

四川省建筑工程钢筋套筒灌浆连接技术标准

Technical standard for grout sleeve splicing of steel reinforcing
bars of building engineering in Sichuan Province

DBJ51/T094－2018

条 文 说 明

目　次

1 总　则

1.0.1　本条为本标准的编制意义。钢筋套筒灌浆连接技术目前在四川省主要应用于装配式混凝土结构中的钢筋连接，其生产制作、施工操作、检查验收、受力机理等方面与传统的钢筋连接方式差别较大。

1.0.2　本条为本标准的适用范围。本标准适用于抗震设防烈度不大于 8 度的地区，是根据四川省实际情况决定的。

3 基本规定

3.0.1 使用国外生产的材料或者材料性能高于本标准时，应按照设计要求和相关标准对材料进行检测和验收，并严格控制施工质量。

3.0.2 考虑到灌浆料的受力性能，在出现全截面拉应力时，不宜采用钢筋套筒灌浆连接。

4 材 料

4.1 钢 筋

4.1.1 用于套筒灌浆连接的带肋钢筋，其性能应符合现行国家标准《钢筋混凝土用钢 第 2 部分：热轧带肋钢筋》GB 1499.2、《钢筋混凝土用余热处理钢筋》GB 13014 的要求。当采用不锈钢筋及进口钢筋时，应符合设计性能及相关标准要求。

4.2 灌浆套筒

4.2.1 考虑到钢筋的外形尺寸及工程实际情况，本标准提出了灌浆套筒灌浆端的灌浆段用于钢筋锚固的深度及最小内径与连接钢筋公称直径差值的要求。

4.2.2 对预制构件生产时预先埋入的灌浆套筒，与预制构件内钢筋连接的部分为预制端，另一部分为现场灌浆端。半灌浆套筒为现场灌浆端采用灌浆方式连接，另预制端采用其他方式（通常为螺纹机械连接）连接。灌浆套筒应满足材料性能、外观、灌浆套筒长度、灌浆套筒灌浆连接钢筋现场装配的需要。铸造全灌浆套筒中部钢筋限位挡片的截面面积应在计算承载截面面积时扣除。

4.2.3 灌浆套筒的材料及加工工艺主要分为两种：一种是球墨铸铁铸造，另一种是采用优质碳素结构钢、低合金高强度结构钢、合金结构钢或其他符合要求的钢材加工。灌浆套筒原材料宜选用球墨铸铁或强度适中、延性好的优质钢材，具体品种应通过型式检验确定。因此，铸造灌浆套筒宜选用球墨铸铁，机械加工灌浆套筒宜选用优质碳素结构钢、低合金高强度结构钢、合金结构钢或其他经过接头型式检验确定符合要求的钢材。

4.2.4 灌浆套筒的材料性能和加工精度是影响灌浆套筒直径的重要因素。

4.3 灌浆料

4.3.1 本条提出的灌浆料抗压强度为最小强度。允许生产单位开发接头时考虑与灌浆套筒匹配而对灌浆料提出更高的强度要求，此时应按相应设计要求对灌浆料进行抗压强度验收，施工过程中应严格质量控制。

本条规定的检验指标中，灌浆料拌合物 30 min 流动度、泌水率及 3 d 抗压强度、28 d 抗压强度、3 h 竖向膨胀率、24 h 与 3 h 竖向膨胀率差值为灌浆料进场检验项目，初始流动度为施工过程检查项目，灌浆施工中按工作班检验 28 d 抗压强度的要求。

灌浆料抗压强度、竖向膨胀率指其拌合物硬化后测得的性能。灌浆料抗压强度试件制作时，其加水量应按灌浆料产品说明书确定。根据现行行业标准《钢筋连接用套筒灌浆料》JG/T 408 的规定，灌浆料抗压强度试验方法按现行国家标准《水泥胶砂强度检验方法》GB/T 17671 的有关规定执行，其中加水及搅拌规定除外。

5 接头性能和型式检验

5.1 灌浆接头的性能要求

5.1.1 灌浆接头的性能测试包括单向拉伸试验、高应力反复拉压试验、大变形反复拉压试验，是灌浆接头设计的依据。

5.1.2 本条涉及结构安全，应强制执行。套筒灌浆连接目前主要用于装配式混凝土结构钢筋同截面 100%连接处，灌浆接头是整个混凝土结构中重要控制的环节，对构件的连接具有重要作用，为防止混凝土构件发生不利破坏，本标准提出了连接接头抗拉破坏试验时应断于接头外钢筋的要求，连接钢筋断裂应呈塑性变形。

屈服强度是结构设计计算的重要参数，同时为了防止套筒材料的屈服强度可能低于钢筋屈服强度标准值，影响结构整体的受力状态，故对灌浆接头的屈服强度提出了要求。

5.1.3 本条考虑到套筒灌浆接头连接的钢筋可能超强，如不对试验力上限进行规定，则灌浆套筒产品设计缺乏依据。

5.1.4 高应力和大变形反复拉压循环试验的方法应按照现行行业标准《钢筋机械连接技术规程》JGJ 107 和《钢筋套筒灌浆连接应用技术规程》JGJ 355 的规定。

5.2 灌浆接头的型式检验

5.2.1 灌浆套筒、灌浆料产品定型时，均应按照相关产品标准进行型式检验。当使用中的灌浆套筒材料、工艺、结构发生改动时，或者与之匹配的灌浆料的型号成分改动时，可能会影响灌浆套筒接头的整体性能，应重新进行型式检验。对于进口钢筋，其外形、成分、力学性能可能不同，应进行型式检验。

5.2.3 为保证制作型式检验试件的钢筋抗拉强度相差不太大，本条要求全部试件应在同一炉（批）号的 1 根或 2 根钢筋上截取，尽量在 1 根钢筋上截取，当在 2 根钢筋上截取时，宜取屈服强度、抗拉强度差值不超过 30 MPa 的 2 根钢筋。

5.2.4 试件的制作应在检验单位的监督下由送检单位进行，采用与实际应用相同的灌浆套筒、灌浆料。对于半灌浆套筒连接，机械连接端的钢筋丝头可提前加工，在检验单位人员监督下进行接头制作。对偏置单向拉伸接头试件的制作，偏置钢筋的横肋中心与套筒内壁接触，对非偏置端的钢筋应插入灌浆套筒中心。

5.2.6 灌浆接头试件和灌浆料试块应在同等标准条件下养护，且在灌浆接头拉伸试验当天完成灌浆料试块的抗压试验。

5.2.7 型式检验的试验方法在现行行业标准《钢筋机械连接技术规程》JGJ 107 和《钢筋套筒灌浆连接应用技术规程》JGJ 355 中有详细规定，本标准在试验时应按照以上规程执行。

5.2.8 本条中的灌浆料抗压强度应为灌浆接头拉伸试验当天完成的灌浆料试件抗压强度试验结果，规定的灌浆料抗压强度范围是基于接头试件所用灌浆料与工程实际相同的条件提出的。规定灌浆料抗压强度上限避免灌浆料强度过高而无法代表实际工程情况，规定了下限是为了提出合理的灌浆料抗压强度区间。

5.2.9 本标准附录 A 给出了型式检验报告的内容，具体格式可根据实际情况改变，但所包含内容不能少于附录 A 内容要求。

6 设 计

6.0.3 灌浆套筒的连接主要就是用在同一截面上 100%的连接，针对其 100%连接的特点与技术要求，本标准提出的连接性能要求比普通机械连接接头更高。

7 施工

7.1 一般规定

7.1.2 为确保施工中灌浆管不脱出和破裂等情况发生而影响灌浆，建议使用满足灌浆压力的管材。

7.1.3 为保证灌浆套筒和灌浆材料的适应性并确保施工质量，应采用经认证的配套产品。

7.1.5 为防止施工中出现问题后互相推诿责任，灌浆过程中应安排监理人员旁站。施工质量检查记录能提供可追溯的质量信息。

7.2 钢筋丝头加工

7.2.1 灌浆接头中钢筋丝头的加工一般在构件厂内完成。构件厂应提前一个月准备灌浆接头的工艺检验，灌浆接头的工艺检验合格后方可进行钢筋丝头的批量加工。灌浆接头中钢筋丝头的加工标志钢筋连接工作的开始。

7.3 钢筋直螺纹连接

7.3.1 顶紧、紧固是为保证灌浆接头残余变形合格。

7.4 套筒的安装

7.4.1 灌浆套筒、钢筋的定位可用定位工装或专用定位器。

7.4.3 用透明钢丝软管能解决连接管路无法弯曲的问题，能使管路有足够的强度保持管路通畅。竖向灌浆设置排浆管出口高于灌浆套筒的排浆孔目的是尽可能使灌浆饱满。

7.5 灌浆连接

7.5.1 分仓必须按要求进行，因为仓体越大，灌浆阻力越大，灌浆压力越大、灌浆时间越长，对封缝的要求越高，灌浆不满的风险越大。分仓后应在构件相对应位置做出分仓标记，记录分仓时间，确保分仓隔墙在灌浆时有足够强度，便于指导灌浆。

7.5.2 套筒连接灌浆时，为保证灌浆饱满及灌浆操作的可行性，在合理划分连通灌浆区域外，每个区域除预留灌浆孔、排浆孔与排气孔，应形成密闭空腔，不应漏浆。应使用专用封缝料、密封带等进行封堵确保不漏浆，灌浆孔与排浆孔的封堵胶塞应确保不漏浆。

7.5.3 墙体灌浆孔、排浆孔均封堵后，灌浆孔应持压 30 s，使灌浆连通腔内空气释放。

7.5.5 对泡沫密封带厚度作要求，是需要密封带达到压扁到接缝高度后还应有一定强度，保证压力灌浆不漏浆到旁边的仓内。灌浆料搅拌均匀后，静置约 2 min，让浆内气泡自然排出。

8 检验与验收

8.1 一般规定

8.1.1 本条是加强施工管理的重要一环。有效的型式检验报告是套筒使用的前提条件。对于新型式的灌浆套筒，还必须提供省部级的产品鉴定证书，对于国家标准中未包含的套筒型式应出具相应的鉴定证书。

8.1.2 钢筋连接工程开始前，应对不同钢厂的钢筋进行灌浆接头工艺检验，主要是检验接头技术提供单位所确定的工艺参数是否与本工程中的进场钢筋相适应，并可提高实际工程中抽样试件的合格率，减少在工程应用后再发现问题造成的经济损失。如操作工人、所连钢筋未发生变化，在工厂经过工艺检验的灌浆接头在灌浆施工现场不需重新进行工艺检验。部分全灌浆接头无需加工，直接在施工现场安装，也应经工艺检验合格后方可进行。

8.1.3 套筒均在工厂生产，影响套筒质量的因素较多，如原材料性能、套筒尺寸、螺纹规格、公差配合及螺纹加工精度等，要求施工现场土建专业质检人员进行批量机械加工产品的检验是不现实的，套筒的质量控制主要依靠生产单位的质量管理和出厂检验，以及现场接头试件的抗拉强度试验。施工现场对套筒的检查主要是检查生产单位的产品合格证是否内容齐全，套筒表面是否有可以追溯产品原材料力学性能和加工质量的生产批号，当出现产品不合格时可以追溯其原因以及区分不合格产品批次并进行有效处理。本标准对套筒生产单位提出了较高的质量管理要求，有利于整体提高钢筋机械连接的质量水平。

灌浆料在工厂生产，影响灌浆料质量的因素很多。灌浆料的质量控制主要依靠生产单位的质量管理和出厂检验，以及现场灌浆料试块的抗压强度试验。施工现场对灌浆料的检查主要是检查生产单位的产品合格证是否内容齐全，灌浆料包装表面是否有可以追溯产品原材料性能和加工质量的生产批号，当出现产品不合格时可以追溯其原因以及区分不合格产品批次并进行有效处理。本条规定对灌浆料生产单位提出了较高的质量管理要求，有利于整体提高钢筋套筒灌浆连接的质量水平。

8.1.4 灌浆接头的安装分别在构件厂和施工现场两地不同时间进行，本标准中"厂"指构件厂，"场"指施工现场。其中灌浆套筒螺纹连接钢筋和灌浆套筒预制构件内的安装在构件厂进行，灌浆套筒灌浆连接钢筋的安装在施工现场进行。

8.2 材料进厂检验与验收

8.2.3 本条在国标中属于强制性条文。

8.3 进场检验与验收

8.3.2 施工时，如果钢筋、套筒及灌浆料及施工队伍均与进厂检验时相同，可不再在施工现场进行接头工艺检验。

8.3.4 该检验是由检验部门在施工现场进行的抽样检验。一般应进行灌浆接头试件抗拉强度试验，以及加工和安装质量检验。考虑到钢筋套筒灌浆连接的特殊性，检验分两步进行，首先通过灌浆接头抗拉强度试验在构件厂现场完成对灌浆套筒组批检验，并完成直螺纹钢筋连接的检验，保证构件厂生产正常进行。同时为灌浆施工现场灌浆接头检验准备有代表性的灌浆套筒，标上批号后随构件一同发往灌浆施工现场。现场针对每批灌浆接头用抽检方式抽出灌浆料与灌浆套筒在工程同等施工条件下制作成灌浆接头做抗拉强度试验。

8.4 现场检验与验收

8.4.4 对于无法处理的灌浆质量问题，应切除或拆除构件，重新安装新构件并灌浆施工。

9 安全与绿色施工

9.2 绿色施工

9.2.2 通过建立材料数据库，可收录钢筋连接用灌浆套筒及钢筋连接用灌浆料的相关信息，选择合适的材料进行施工，控制施工的质量，减少建设过程中的浪费。

9.2.3 套筒灌浆连接技术绿色施工作为整个工程绿色施工的重要组成部分，工程前期绿色施工准备工作已包含套筒灌浆的相关准备工作。

9.2.4 灌浆套筒、灌浆料等材料的采购和使用计划的制订，应满足现场施工需要，避免过多的库存，减少资金的占用量及降低库存费用。

9.2.5 应根据钢筋连接用灌浆套筒及钢筋连接用灌浆料的物理及化学特性，在材料贮存时注意相关的存放、运输等事项，避免储存、运输不当造成的材料浪费及环境污染。

9.2.6 灌浆料宜在加水拌合后 30 min 内用完，应合理根据人员、机械设备、工程量等计算所需灌浆料，避免过剩而造成浪费。

9.2.7 灌浆料是以高强度材料作为骨料，以水泥作为结合剂，结合高流态、微膨胀、防离析等物质配制而成，凝结时间较短。超过规定时间及使用剩余的灌浆料不得再次投入使用，应丢弃到指定区域或回收加工成水泥制品，从而减少对环境的污染、降低材料的浪费。

9.2.8 结合施工现场的给排水点位，对管线进行优化设计；收集中水和其他可利用水资源，对符合《混凝土用水标准》JGJ 63 的可利用水，可用于构件灌浆接触面湿润用水和灌浆料搅拌用水。